我的文艺风手账

手绘 × 剪贴 × 文字.

用小文具记录多彩生活

（马来）Pooi Chin　著

U0389765

化学工业出版社
· 北 京 ·

Pooi Chin恋手账：文房具的究极不思议，作者：Pooi Chin
ISBN：9789863842125

中文简体版© 2019通过成都天鸢文化传播有限公司代理，经野人文化
股份有限公司授予化学工业出版社独家出版发行。

非经书面同意，不得以任何形式，任意重制转载。本著作限于中国大
陆地区发行销售。

北京市版权局著作权合同登记号：01-2018-6844

图书在版编目(CIP)数据

我的文艺风手账：手绘×剪贴×文字，用小文具记录多彩生活/（马来）
Pooi Chin著.—北京：化学工业出版社，2019.3
ISBN 978-7-122-33866-2

Ⅰ.①我… Ⅱ.①P… Ⅲ.①本册 Ⅳ.①TS951.5

中国版本图书馆CIP数据核字（2019）第027128号

责任编辑：徐华颖
责任校对：张雨彤
文字编辑：李　曦
装帧设计：尹琳琳

出版发行：化学工业出版社
（北京市东城区青年湖南街13号 邮政编码100011）
印　　装：天津图文方嘉印刷有限公司
880mm×1230mm
1/32　印张5½ 字数172千字
2019年7月北京第1版第1次印刷

购书咨询：010-64518888
售后服务：010-64518899
网　　址：http://www.cip.com.cn
凡购买本书，如有缺损质量问题，本社销售中心负责调换。

定　　价：58.00元
版权所有　违者必究

作者序
prologue

有一天当你发现，
看到香水瓶，想的却是墨水瓶；
闻到纸张的气味比闻香水味还陶醉；
在咖啡馆留意的是菜单所用的纸张而不是食物；
手机里存储的照片都是关于创意手作和文具；
迷恋的都是笔、墨、纸和印章时，
你就知道，你生命里已经离不开文具了。

　　我从小就对文具情有独钟，也许是因为文具能
让自己在学校上课的时光更有乐趣。把最喜爱的铅
笔盒摆在桌上，有几支铅笔或几块橡皮擦轮流使用，
文具像是上课时可以正大光明欣赏着的玩具。这里
分享的是这五年多来我自己和文具产生的火花。

　　因为文具，因为相同爱好，因为志同道合，因为分享，所以更快乐。和朋友聚会的话题总离不开文具，餐桌上布满的是纸胶带、手账本、钢笔和墨水；旅行时，安排的行程是和笔友见面；追求的风景是国外特色文具屋。有人说我傻，但能够很用力地爱着自己做的事情，与志同道合的朋友分享共同话题，大家愿意一起研究文具素材且交换心得，把珍贵且真实的旅程留一部分给在虚拟世界结交的朋友，是一件幸福的事。欣赏国外的店铺，品味店主的造物、陈列方式，每个角落都有一段故事，每种风格都别有一番风味。这样不太平凡的方式，让心灵充满愉悦。

　　写手账让我学会关注生活中的小细节，把自己经历过和所想到的都记录下来，也像是一种提醒。当生活面临低潮，这些平时累积下来的小小美好便足以安抚心灵，接受人生中发生的不如意的事，也让自己学会如何克服心里的不快，跟自己说要更坚强。偶尔手账里还留着自己的泪痕，像是小时候擦拭眼泪的被单。因为记载生活中的点滴美好，所以感受生命值得收藏的每一刻，就这样，好的事情被放大了，自然地就更珍惜当下。

　　担心不知该在手账中写什么，那就随心所欲，自由发挥。像是对自己喜欢的人抒发情感，喜怒哀乐都想分享！

　　有时候创意拼贴，让色调表达情感。

　　有时候一张照片，一个表情，手账能明白的。

目录
contents

　　市面上有很多手账品牌，没有最好的手账，只有最适合自己的手账。

　　而我的选择是"旅行者（Traveler's Company）"的旅行者笔记本（Travelers' Notebook）。主要原因，纯粹是一见钟情，也是因为自己在 2013 年第一次接触到牛皮书皮与这样长方形的笔记本。

1
手账人生：热爱活着的每一刻

写手账可以提醒自己生命的意义，
记录各式各样的小事物和萌发的创意，
珍惜与手账相依的时光和生活中的每分每秒。

随心自在
创作

偶尔享受在手账上的随心所欲，自由发挥。

案例 1

因为换了新的绿色钢笔墨水，所以设计了一篇
由绿色调联结出的关心大自然的手账记录。

1 缎带

新添购的缎带，用最简单的方式——订书机钉上最方便了。

2 旧邮票

旧邮票当装饰品，是自己喜欢的风格。

3 封蜡

盖上白色带点绿的封蜡，增添层次感。选择封蜡图案，来搭配手账版面，显示自由空旷的心情。

4 碎纸张

随手撕了的纸张碎片，弄皱了再贴上当背景。手撕的纸张碎片感觉很随性，无拘束。

案例2

记下在网络上看到的一段文字，收藏在手账里。

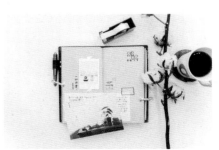

也许每一件小物品都有一段故事、一张照片、一段文字。这些小插曲对我们来说意义也特别深刻。

1 黑色纸胶带

以抢眼的黑色纸胶带点缀，让分散的设计稳重一点。

2 透明口袋

旅游时收集到的卡片，想要放入手账内，又不想完全固定住，也不想要被纸胶带或任何其他设计干扰，所以选择插入这种透明口袋。

小贴士

方便的透明口袋也可以贴在文字上，因为是透明的，所以除了可以在有限的空间内加个口袋收纳，也可以看到原来写在下方的文字。

3 浅黄绿背景

先利用染色颜料涂上，制造出淡淡的古老背景的色调。也可以使用水彩来代替。

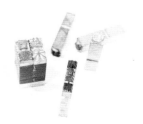

4 铅字印

可以在文具店购买铅字印，自己创意拼凑出的字句，可当印章使用。先用纸胶带固定铅字，以便盖出整齐的字句，也可以方便地撕开转换字句的排版：格子左右上下，或是打直、打横。

案例 3

吃到美味的零食也忍不住要收藏记录。
后来零食换了包装，但想念这曾经的味道，
顺手在手账里把印象中的记忆封存。

案例七

添了一件黑色配饰，
版面就以黑色调作为主体。

封蜡

用封蜡来固定吊牌，和上方使用黑
色纸胶带的方法产生不一样的效果。

案例5

　　那一天中午在路边草丛中发现了心形的叶子，遇见美好的事物，心情瞬间变美丽，立刻拍了照片上传，直到晚上那感觉还依然存在，就这样保存一份爱，回到家马上分享到手账！

　　在凌乱的书桌上找到这么一张不记得什么时候随手撕下的纸片，再加上简单的字迹，朴素且真实。

　　有时候灵感就像落叶、像花瓣，随风停留在身旁。

1 手机照片无线打印

手托着心形叶子的照片，利用 instax SHARE 从手机连接无线输出。

2 花朵印章

花朵印章配上含蓄的粉色点缀。

在手账上喷上新买的香水，让手账充满优雅的味道。

1 黑色缎带

留了包装上的黑色缎带一小段，任性地用订书机固定，故意让它超出手账版面，像是小书签。

...thin you is a
...tillness and a
...nctuary to
which you can
...retreat at anytime
...ad be yourself.
- Hermann Hesse

与你分享

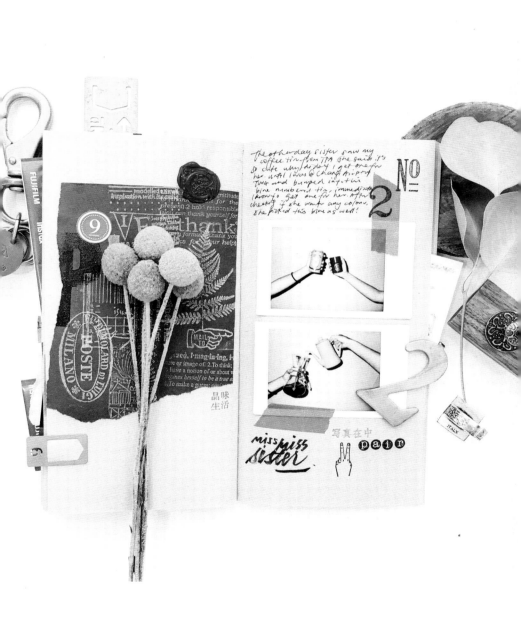

When you do things from
your soul, you feel a river
moving in you, a joy.
- Rumi

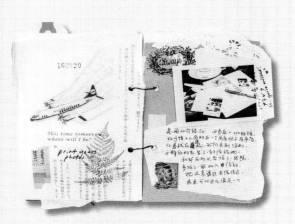

160520

This time tomorrow
where will I be?

print your
photo

hin you is a
illness and a
ctuary to
hich you can
treat at anytime
d be yourselfs.
—Hermann Hesse

1/2   2/2

19 JUL 2016

Imagine

05 AUG 2016

dancing in the fields

when happiness
is aloussed!

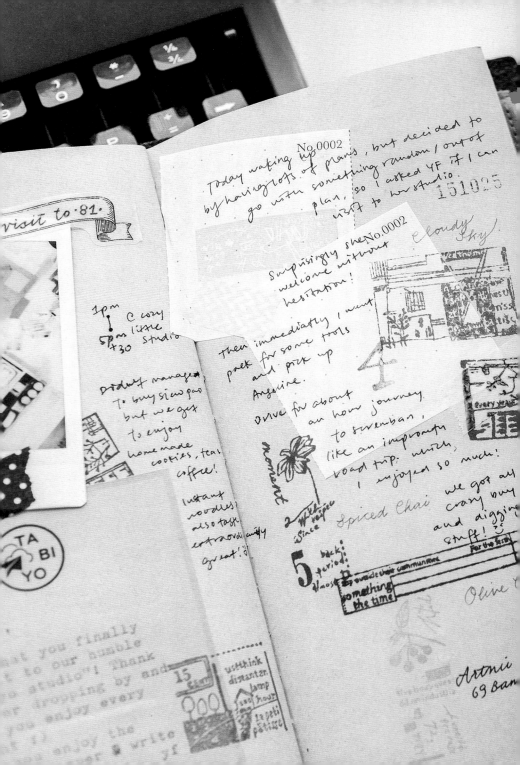

visit to · 81

No.0002

Today waking up by having lots of plans, but decided to go with something random/out of plan, so I asked YF if I can visit to her studio.

151025

cloudy sky

Surprisingly she welcome without hesitation! No.0002

1pm cozy little
5pm studio
+30

product manager
to buy siew pao
but we get
to enjoy
home made
cookies, tea,
coffee!

Then immediately I went pack for some tools and pick up Angeline.

Drive for about an hour journey to serenban, like an impromptu road trip, which I enjoyed so much!

instant
noodles
also taste
extraordinarily
great!

moment

2 million since

Spiced Chai we got all crazy buy and digging stuff!

5 back period
almost

to provide their communities

something the time

For the four

Olive

TA BI YO

that you finally
to our humble
studio! Thank
dropping by and
you enjoy every

Artni
69 Ban

15 5km
with think
distance
lamp
hour
to peti
period

enjoy the
yf

现在 / 外出

短短的相聚时光，每分每秒都非常珍贵，想起了相聚时的话题一直离不开短暂聚首，短暂的时光，让人分外珍惜。手写记录生活中的聚散时光就是这么有趣。

案例 1

　与喜欢文具的朋友相聚的一天，手账里的照片显示的是桌上的随意一角。大家忙着聊天，分享文具，盖了几个印章。不完整的一个跨页却记录了真实的一刻。

案例 2

　　那次是追星的旅行，临时订购机票是为了参加文具界非常有影响力的人物的手账分享会。

　　歌迷追星，是要把签名留在唱片上；然而喜欢文具的人的追星，是想让偶像在自己的手账上留言，手账因此变得非凡，更显珍贵。

案例 3

时间

　　翻开好久以前的手账，发现这不起眼的时间记录，想起了那一天因为朋友晚上另有节目，不能待太久，所以格外珍惜每分每秒，而话题离不开的是对短暂相聚的惋惜。

案例 4

1 地址

把喜欢的咖啡馆地址记录下来。

2 白纸

贴上一张白张来记录感想，和黑色的手账页面来个对比。

一张手拿菜单的照片，打印在白纸上，依着线条修剪下来，感觉挺立体的。

案例5

出远门去参观一家古老的印刷厂，在旅游手账里贴上印刷厂插图，记录那一个星期天。

用了与主题相关的铅字来点缀页面。

案例 6

　　店家的名片是柔柔的粉色，装饰上使用对比色来回忆这一天。

　　Sakura Souffle 3D 立体果冻笔。写出来的字有微微地浮凸效果，非常有趣。

　　拍了几张照片都想归纳在同一个跨页，但又不想贴得满满的，怎么办？那就由下方往上撕，做个收纳口袋，左右以纸胶带固定，就能解决这个问题。

案例 7

在一个小镇上隐藏着这样一间美好的文具店，好喜欢室内的装潢，多拍了几张照片。

拍立得上的黑点与线条

从装潢中获得灵感，把拍立得上的标记也用画图方式画下来。

和上一张重叠，掀起来会看到不一样的风景。

旅 / 手账

拥有一本"旅行者手账"（手账本品牌名），去旅行当然要好好利用啊！

案例 1

　　曾经非常积极地计划 3 天 2 夜的邻国旅行，也因为是第一次参与 mt 展而特别兴奋，冲洗出照片把旅程的快乐珍藏、把旅游的心情记录填满了 64 页的空白内页。

案例 2

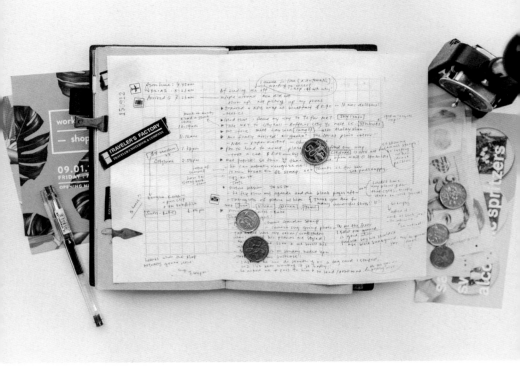

　　也曾经因为工作忙碌，快速地使用了两页信
纸，贴在日常的手账上，作为延伸页面。

把大张的信纸折叠贴在手账上，一
个延伸的大跨页一目了然。

案例3

使用另一种装饰方式，总结3天2夜之旅。

如何做

1 随手撕一段自己想要的纸胶带。

2 双手握着两边，把纸胶带向内挤捏弄皱，再轻轻拉开，但别拉得太平以免失去原本的皱痕。

3 在贴上纸胶带的同时，也可以把纸胶带做出自己想要的造型。

LoFt
TRAVELER'S FACTORY

小贴士

　　旅行回家，除了满满的回忆，也收集了许多票根、海报、包装纸袋、收据、照片等。可以先依据日期分类，再在手账内编排。

July 19, 2016

16 July 2016

We open the door
and discover a
brand new world -7.

My first time
@ TFA - Cloudy day
// 16 July 2016

アラビタ
- ARABIA -

梅美下午茶
19 - 千﨑町

1 用拼贴的方式把收据、照片重叠贴上。

2 模仿了日本某一家文具店陈列商品的模式：用可爱的字体写着"sample"。再利用在店内买到的超迷你夹子固定，然后随意地把内容（收据／设计纸张）贴出手账页面外，除了有不同厚度，更有不同长短的效果，不但使手账页面丰富，而且瞬间添加层次感。

小贴士

　　把解开手机 SIM 卡的工具用纸胶带贴在手账上，旅行途中需要更换当地号码时，便可以轻松解决换卡的问题。

案例 5

　　牛皮纸口袋账，旅途中收集
的纸张或卡片都可以收纳进来，
用来剪贴装饰内外，使手账充满
旅行的味道，让生活中的每一天
都像在旅行中一样开怀。

不想忘的絮语

每个人都是独一无二的，就像是一个人看过的风景，经历的故事，手写的笔画字迹。我喜欢收集字迹，总爱让朋友们在手账上留言纪念。

干燥花

手账装饰的好朋友，除了文具，新鲜或干燥花也能给予
不同的温度。平常的日子里总离不开植物，干燥花用来装饰
或摆放，更增添了手账的层次感。

小贴士

花形贴纸

压平的叶子

大人的周记

每天为自己留下一些反思的空间，
即便只是向手账报告日常，
慢慢记录下来，也会在不经意间发现美好的生活点滴。
有时候就算不写什么，只是装饰漂亮的页面，
也会让自己在整个星期有个美好的开始。

READ FINE PRINT

LIGHT UP. THE ROOM

The biggest room in the world is room for improvement "'

6.

Looks like postman

F ind my *coiffure* by doing more things i love. i enjoy y.:

DROGE lik

The kind soo nung picked this for me!!

Thank you!

10 pilot
9pm —100-MEF
>BF<

D Diauer

　　手账版面可多元发挥，手账的好朋友离不开曲线、直线，笔墨粗细或深浅变化都呈现出来，还有贴纸或纸胶带。

日常用来装饰手账的有彩色或黑白的小纸片、照片或卡片；平凡朴实或华丽丰富的名言、流水账。

无论如何，
在手账里填满一星期的最后一天，
你会发现自己把生活过得很不一样。

August
08
2015 | 24 to 30
35 week

Aug 08 2015

Sep 09

☐ Meet Jia Hao
for pass him
Treasure Box

☐ OT C shop for
Salary tabou

☐ pack for TRIP
Bring B

45

24
Mon

posted Pesapak for Rga
@ Kepoteming Post
office. # 1216
w/ Eijean
posted Hipinlapse on
mailing kraft envelope.

Ab. 3757
GUERNSEY
20p
PLEASE DETAIL
THIS PART FOR
INSPECTION ON
IRELAND

R
R
1
5
1
4
5
3

We are the ones who
decide how to feel
and act based upon
the ways we choose
to live and perceive
our lives.

Anthony Robb

PosDaftar
POS

26
Wed

27
Thu

☐ "what matters most"
@ Art gallery.

28
Fri

8 8

Company Retreat @
Penang Jerejak
Island [302N]

29
Sat

与 你 分 享

Weather you're keeping a
journal or writing as a
mediation, it's the
same thing. What's
important is you're
having a relations
with your mind.
-Natalee
Goldberg

书信里的
风景

将朋友的信件贴进手账里，让自
己在那一天也仿佛多了一道远处的
风景。

案例 1

　　志同道合的朋友，把旅途中在深秋的京都捡到的枫叶和银杏与书信一同寄来，轻轻地填写在手账内，让人不禁被那色调和浓浓的意境感染了。

1 白色印章

　　在黑色字句间盖上浓白色的印章，隐约的点缀，充满美感。

2 古董号码章

　　古董号码章的自动号码，刚好六位数，调整到当天的日期（年月日），当作日期章使用。

3 毛笔

　　用笔尖尖的毛笔来写字，墨香特别浓郁。比起钢笔的细腻，毛笔的粗粗的字体多了一份粗犷。

案例2

　　把小信封袋口撕开，也因为信封袋口较宽，手账版面也可以跟着打横来写，保留了信封袋子上友人的字迹，也体现设计的巧思，也可以把其他的拍立得照片收纳进来。

友人分享旅途中的另一个季节的风景，搭配了拍立得照片和
樱花明信片，这样设计版面，好似完全被这美好的春天围绕。

较频繁地和来自世界不同角落的朋友通信了一段时间后，开始对自己的通信"次数"感到好奇。于是决定使用一本专属的通信记录手账。

在寻找一本适合的手账格式时，机缘巧合下找到了这本"Hightide"周记手账。除了平日惯用的皮革封面手账，也被这素色的麻布封面吸引！除了手感佳，颜色温润之外，还有两个口袋便于储存小卡片或是各类剪贴，封套还附有笔套，是非常贴心的设计。

重点是，我深深觉得这手账的格式完全
适合作为信件记录。印有日期的内页忠实地
呈现多信件时的丰富和没有信件时的寂静。

REPUBLIC INDONESIA

AUSTRALIA

asterisk

asterisk (as'te-risk) n. (G. aster-iskos, a little star) the mark (*).
a small star used in printing and writing to refer to a note, to an omission, etc.
astern (a-stern') adv. [E.] in, at, or

箱信幸福

Across the miles
you are loved ...
peace & cheer

MAIL TO
June Jan

This is a love letter. 箱信幸福

//

PERSONAL & CONFIDENTIAL

RÉPUBLIQUE FRANÇAISE
20f

6 JUNE

1
MONDAY

2
TUESDAY

3
FRIDAY

4
SATURDAY

22nd week · 2016

格式的安排也很合理，划分出每个月，可以安排接下来一个月的活动，被我用作总结一个月的信件来往。

P 表示 posted（寄出）

R 表示 received（接收）

如此一目了然，同时也提醒自己，寄出的信比较少时得加把劲。若是收到很多问候则觉得温暖，时刻提醒自己要感恩。

月记之后还有一个跨页是备忘录的格式，用来安排接下来要回信的朋友名单，或是要分享的小物件，很加分的设计！

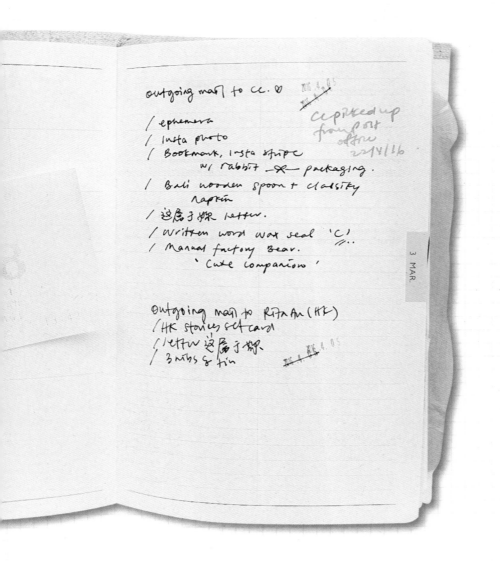

记录购物：待接收

喜欢网购商品给自己，享受那打开包裹的感觉！当然，有些时候本地没办法买到理想的物品，只好向国外订购。国外邮寄的时间往往很长，担心时间太长反而忘了，便会记录下购买的商品、卖家和购买的日期。期待包裹的心情是美好的。

这款手账的格式主要是周记，左页是周记计划的编排格，右页是横挂笔记空间。避免便条纸张丢失，回形针这时就可派上用场。

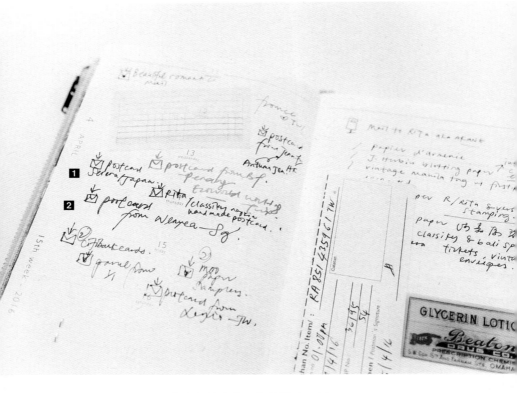

　　左页可以简单记录寄件人的名字，邮件地点。例如：住在中国香港的朋友去日本旅游，或是到新加坡旅游时寄出的明信片，这样意义便不一样了。

1 postcard / Serena / Japan
2 postcard from Wenyea / SG

左页可以更详细地记录细节 /
邮件规格

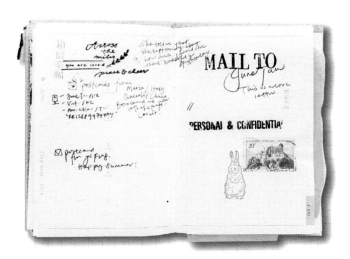

感想

1 收到惊喜的明信片，但因为寄件人用简写的签名，我摆了乌龙却向另一位朋友道谢，闹了笑话，但事后想想却觉得是有趣的。

2 明信片里朋友留下了特别的字句，也把它抄进手账里。

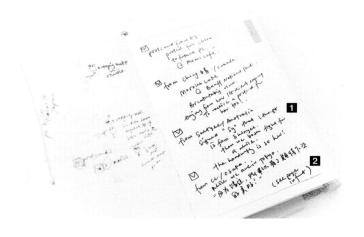

以号码印章，将
不同颜色的书写段落
分类，一目了然。

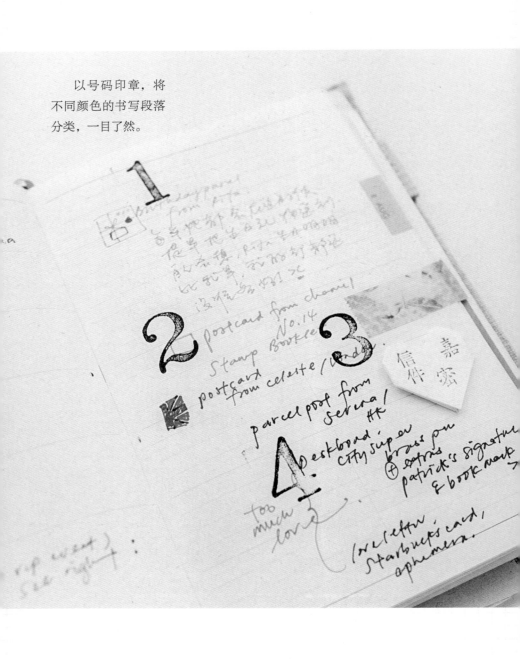

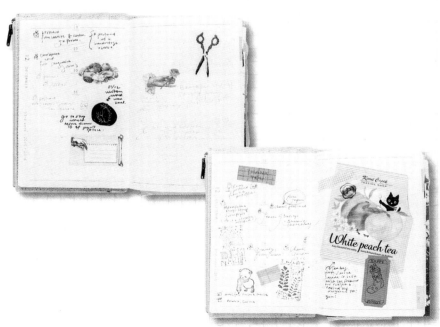

2

复古时尚：和封蜡章擦出火花

以前总觉得封蜡离我非常遥远，那是古代
欧洲信件的文化样貌。但自从接触后，却深深
地为封蜡着迷，像是烙印在纸上无法自拔。

封蜡别名 / 火漆，封口漆，封印蜡，sealing wax

封蜡章别名 / 火漆印，wax seal，wax seal stamps

封蜡章的类型

基于需要耐热的条件，封蜡章的印面多数为金属制，握柄则有许多不同材质及风格的设计。有花哨款式，也有简单内敛的款式。

收藏库

　　除了着迷于封蜡章的外形设计外，我对于印章图案款式也是爱不释手。从英文字体、可爱造型、笔墨相关、花草系列，连特别象征的图案都爱收藏。

原木握柄

彩色握柄

铜金属握柄

迷你铜金属握柄

玻璃艺术握柄

喜欢的封蜡章图案可能不容易寻获，除了专属的封蜡章，只要有能耐高温的材质都可以尝试。由于这些印章原本用于沾印泥盖印，配合封蜡的使用，反而有了凹凸相反的效果。

1 陶瓷

2 铅字

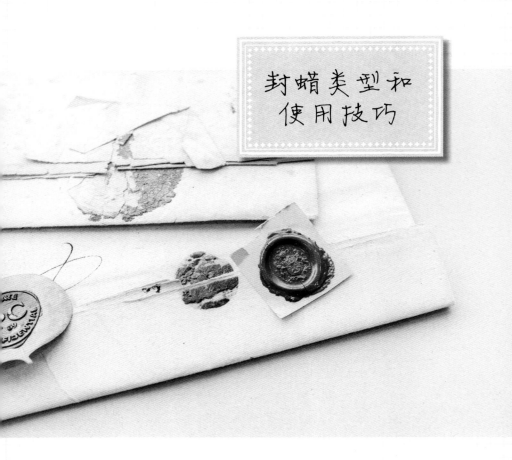

封蜡类型和
使用技巧

脆质封蜡

　　由于传统封蜡的用途是封存机密
文件，一旦打开，蜡印也会被撕裂，
所以封蜡的材质较脆，也易碎（brittle
sealing wax）。传统类型的封蜡需
更长的待干时间，要是蜡还没完全冷
却，硬取下蜡章会造成蜡卡在章面的
细节内。而对于这一类型的蜡需要更
多耐心，但盖出来的质感也多了份古
老的韵味。

软质封蜡

　　现代使用的封蜡多数是让信件或手作增添美感，欣赏价值高，所以封蜡材质是软质的（flexible wax seal），好处是只要慢慢打开，可以完整保留封蜡图案而不易碎，除了方便收藏纪念，封蜡颜色的选择也非常广泛。

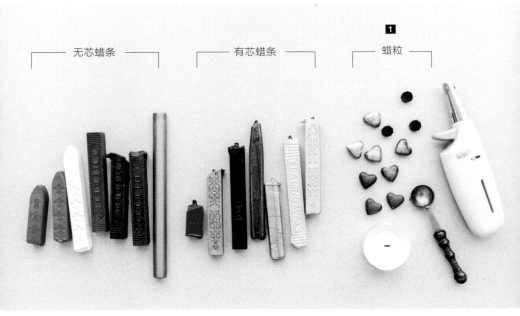

无芯蜡条　　　　　有芯蜡条　　　　　蜡粒 **1**

1 特征：因为是固定尺寸，只要掌握封蜡章不同尺寸需要的蜡量，便可达到较精准的份量。
搭配用品：茶光蜡烛，汤匙，打火机。

如何使用无芯蜡条

方法 1

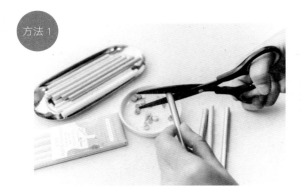

1 有些圆形的无芯封蜡条是设计给热熔枪使用的，方便大量制作，但不方便换色。个人建议把蜡条剪切成小块。

2 放入汤匙内用火烤一下，使其熔化。

方法 2

把封蜡条隔着汤匙燃烧至熔化到足够的份量。这样可避免火势直接碰触蜡条，也避免了蜡印变黑的情况。

如何使用有芯蜡条

1 有芯蜡条使用方便，点燃了芯即可让蜡滴在要封口的位置。但也因为点燃的火与蜡条直接碰触，很容易出现变黑的情况。避免封蜡变黑的要诀是：以 90 度握着封蜡条，然后慢慢地旋转。

* 向上握会出现蜡滴到手指上的窘况，而蜡条向下会使火燃烧的封蜡的面积大而快速变黑。

2 蜡条烧得太短时可以切开，把芯取出后再放入汤匙内使用。

如何使用蜡粒

把蜡粒放在汤匙内加热，保持适当的距离让蜡块均匀地熔化，以防过热的蜡起泡而导致形状与效果不佳。

如何清理汤匙换色

1 使用后的汤匙会有残留的封蜡。

2 建议使用厚厚的纸巾覆盖在汤匙内，把蜡印都掏干净。

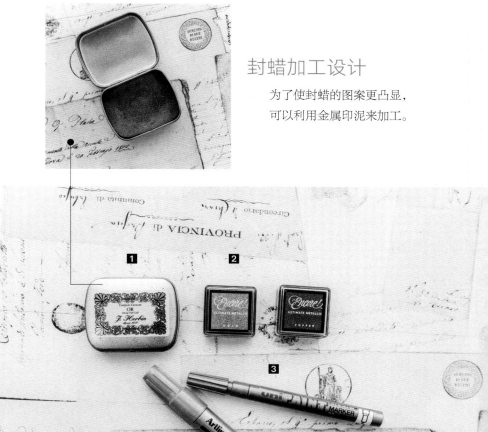

封蜡加工设计

为了使封蜡的图案更凸显，
可以利用金属印泥来加工。

1 J Herbin 牌子的封蜡章专用的金色印泥 。

2 Tsukineko 品牌的 Encore 金属系列印泥也用作封蜡的图案加工。

3 金属漆 Artline / Uni 马克笔。

印泥和封蜡的运用

方法 1 印泥效果出现在图案凹下的部分。

　　可以把封蜡章直接先沾上印泥，再盖在蜡上。

方法 2 印泥效果出现在图案凸起的部分。

1 用棉花棒沾上印泥后，在凸起部分涂抹。

2 或是直接用手更快！

* 由于蜡和印泥都属于油性，盖上之后等待晾干的时间长至数天。经历太多的摩擦还是会使金属印脱落。

马克笔和封蜡的运用

1 以金色马克笔在凸起部分轻轻地描绘。

2 以银色马克笔在凸起部分轻轻地描绘。

封蜡烙印
设计

满足手作欲，又能轻松开启的封蜡盖法

有时手作人会觉得信件要盖上封蜡才算完美，但反而让收件人感到懊恼："这要怎么打开啊！" "我不想把信封撕破！"下面分享几项技巧让手作人满足自己想玩封蜡的欲望，也能让收件人轻松开启信件，真是贴心的表现！

案例 1
直接盖在信件上

如何做

 1.  2.  3.

1 把信纸折起来，可以先把纸胶带贴在背面。

2 用汤匙把蜡加热。

3 要是温度太高而使蜡熔化起泡，可以把汤匙抬高，再用牙签慢慢地搅拌。当温度降低时，泡泡就会减少，以避免效果不佳。

4 把蜡全部倒在要盖印的地方。

5 从中间处盖出延伸的效果较好。让蜡液静止冷却至少十秒钟才把章拿起来（＊冷却时间因蜡而异）。

6 最后可以印上收件人的名字。收件人可能会说："这样我怎么舍得打开？"有没有发现，封蜡下有了纸胶带，就更容易把信件打开啦！

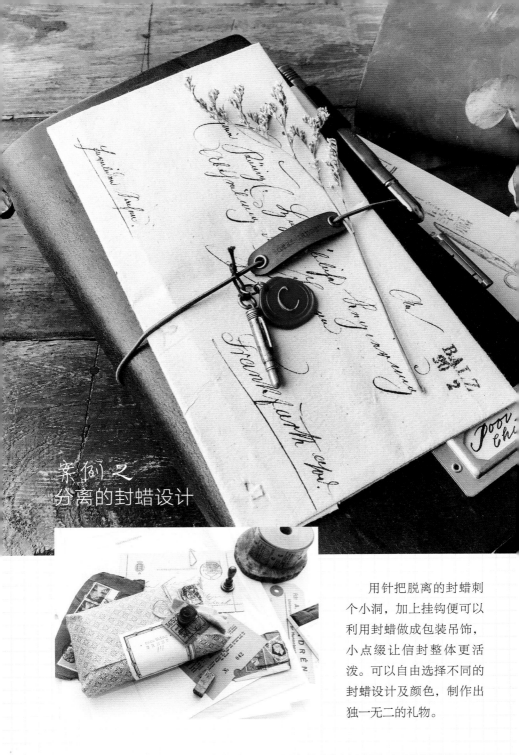

案例之
分离的封蜡设计

　　用针把脱离的封蜡刺个小洞，加上挂钩便可以利用封蜡做成包装吊饰，小点缀让信封整体更活泼。可以自由选择不同的封蜡设计及颜色，制作出独一无二的礼物。

如何做
轻松解开封蜡的秘密武器

1 用油性纸垫底，例如选择油纸。

2 或先在纸上铺上纸胶带。

3 由于油性纸或纸胶带的表面光滑，只要把盖上去的封蜡掀开来，就可以使封蜡轻松脱离。

4 完成。

案例 3
封蜡 VS 绳子和纸张的运用

如何做

1 在信纸或信封上用绳子缠绕。

2 打个小结，再用纸胶带把绳子的两边固定。这样便可以选择绳子的弧度和方向。

3 在底下加上另一张小纸，把蜡滴在小纸上。

4 压上封蜡章。

5 把固定的纸胶带取下，修剪绳子的长度。

6 这样就可以轻松地把封蜡和信纸或信封分离了。

学会了制作分离的封蜡，可以做出几个不同的颜色，方便搭配及选择蜡色。

案例七
封蜡不封

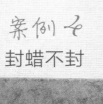

如何做

1 选了一大一小，一凹一凸
（铅字 & 封蜡章）来创作。
把封蜡盖在不会阻碍信封
打开的地方。

2 再在信封背面用纸胶带封口就行了。

3 收件人可以在保留信封表
面的封蜡完好无损的同
时，轻松打开。

案例 5
增添层次感的封蜡设计：
点缀上小花

如何做

■1 准备一些小花瓣，轻轻放在蜡液中。

■2 盖上章。这款封蜡示范选择了小鸟叼着信件的蜡章图案，把花瓣摆在旁边，犹如小鸟飞往美丽的方向。

■3 再用金色马克笔描绘一下，让图案更突出。

与你分享

也可以加上缀带点缀。

案例6
混色的旋律

　　搭配不一样的颜色营造出其不意的结果，色彩就是如此奇妙，充满惊喜。

混色的效果

如何做

1 挑出不同颜色的封蜡一起放在汤匙内。

2 加热至熔化。

3 这样倒出来的蜡液会呈现不同的线条与色彩，特别迷人。

和身边的人一起"疯啦!"（封蜡译音）

　　因为着迷于封蜡章，所以在送礼的特别日子，总喜欢为朋友送上个封蜡章。在盒子里准备小纸条，试盖了一个印后再放入。封蜡章的一项特别之处是：即便使用过，但看起来还像是全新的。

with all of my
heart.

与 你 分 享

Solivagant
(adj) wandering alone

THANK YOU,
Stickensific

xoxo,
PL

灵感分享，作品集

花朵和封蜡章的融合

在家里的庭院散步，发现爸爸种的几盆花开了！脑海里不禁冒出想让封蜡章和花朵一同庆祝这茂盛的季节的想法。挑选了自己喜欢的几款封蜡章，搭配上基本封蜡的色调，四周散落的蜡印像是在播种。标记每个字母的代表性，愿身边的人和环境都更美好。

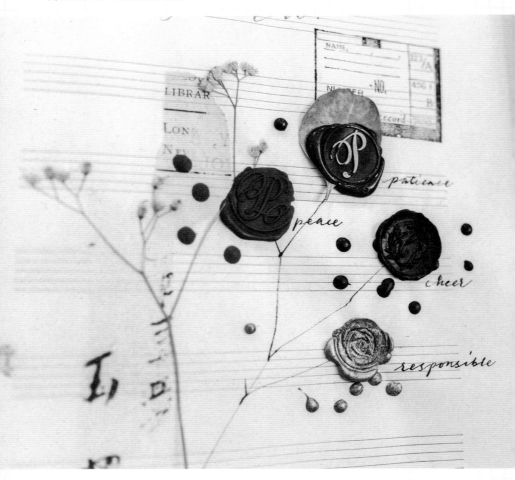

Beauty is everywhere

只要你用心感受

在日常生活、工作上偶尔会遇到挫折，先别气馁，只要再比平常多花一些心思，纵使结果不是最完美的，但学习的过程中一定会让自己在未来获益。我始终相信这些。

意外的浪漫

灵感强求不来，但它有时候就突然随风而至。某个下午，心情平静，在包装这封信时，心里想的是一种干净的元素。最后选择了米白封蜡，桌面上刚好有之前在花园捡到的茉莉花，几天后从小白花变成了干燥的小紫花。就这样子扔掉也未免太可惜了，随手撒在四周，盖上印章，是种意外的浪漫，像是带着紫色茉莉花香的美味白色巧克力。

就这样挥洒自如

制作白色封蜡时，倒封蜡时发现不能中断，而拉出了丝丝蜡液，场面一度混乱。反正已控制不了，那就让它更放肆地去挥洒吧！提醒自己享受当下，反而会有意想不到的结果和惊喜。

亲近大自然

心想靠近那遥远天空，
拥抱温柔的色调。

就是想要表现浪漫

　　纯粹就只因为那一天桌面上有灰色的丝绸缎带，想设计一些可以搭配那抹温柔的颜色。随手调和了嫩粉红和白色，光这样看着也很满足。

小贴士

　　表面太凹凸较难呈现完美的效果。建议若是绳子或蝴蝶结太厚，可以盖在尾端处。

很多颗棋子

独一无二的战队。

来自真心的你

Yours Sincerely， 写信或是电子邮件会用到的词语，不管时代或是科技怎么改变，心意始终不变。把手写的字体弄成电子版本设计了这一款简单用语。

3

书写 VS 手作的美好年代

醉心手写文字，
也对分享手作作品情有独钟。
享受投入心思将礼物包装好，
让收礼者有更愉悦的好心情。

手作小礼物：让自己享受创作过程的愉悦，也让受赠的人感受幸福。

装饰袋子。

小卡片：在要分享的漂亮杯垫上写下温柔的字句，鼓励笔友多喝水，让简单的小礼物变得独特且贴心。

案例 1　　　在封面盖上钥匙图案，内侧盖上门
锁，象征打开了一扇温暖的门。

今日名言

利用描图纸做个小信封。把偶尔在网上发现的一些有意义的名句，或是自己的座右铭，借此分享给身边的朋友，让大家周围有满满的正能量。

如何做

1 把描图纸切割成长方形，折成三折（建议使用滚轮双面胶带，描图纸不会因为湿气而弯曲），如图把左右边贴起来，就是一个收纳口袋啦！

2 或是用纸胶带把左右两边贴起来，也能快速做成一个口袋。

与你分享

　　分享一位朋友的邮件的部分内容。信封内有自己盖印创作的小纸条和手工作品——收藏的一片落叶。柔柔的色调，简单的心情，分享让我久久感动。

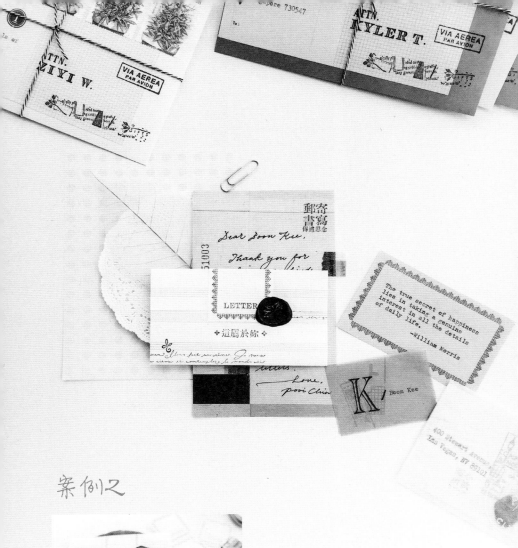

案例之

　　记得曾经读过一本小说，描述学音乐的女生撕下一小部分的五线谱当作小纸条传给崇拜的男生的事。这种充满文艺气息的做法，让我心花怒放！

　　是因为那暧昧的故事情境、字条、纸张，还是加上手写字的这一幕？我对五线谱从此有了美好的印象。

这属于你!

　　在一些包装上常用的字眼是"for you"，翻译成中文突然间不知该怎么表达。"这给你"，有点像小女人撒娇的感觉，不错！还是要有点霸气送礼？

　　最后选择了"这属于你"，使用中文的铅字，有如报纸上用的宋体字，正式得体，气质满满。

1 五线谱便笺简单地折了两折，制作成简单的包装袋或封套。

2 再用另外一张小纸条固定，做成一个封套，套在折叠起来的五线谱便笺上。

案例 七

  制作包装了一份自己喜欢的便条纸
分享给朋友，标记上"write a note for
someone"，希望友人用漂亮的小纸条，
书写上文字传达给身边更多的人。

1 先贴上小白纸，写上信息，再搭配长方形邮票和四方
形封蜡，让整体设计更一致。

2 搭配小圆形印章缓和了全是长方形的气氛。

3 配合白色纸条原本盖好的号码，也盖上日期。

案例5

旅游时买到的小餐具，马上想到多带一些回来和朋友分享。餐具搭配纸巾一起呈现旅途的美好。

与你分享

到一家朋友推荐的咖啡馆，却和她擦肩而过，在店外面拍了一张照片，写了一封信。借此表达虽然彼此不在身边，但依旧互相牵挂。将文字和风景放入信封寄出，愿她也能感受到那片刻的美好。

案例 6

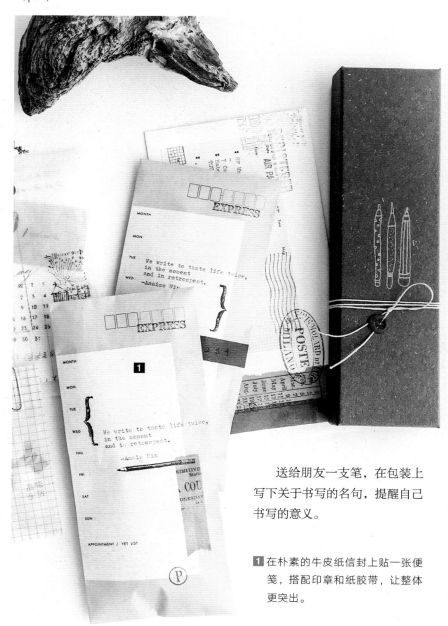

送给朋友一支笔，在包装上写下关于书写的名句，提醒自己书写的意义。

1 在朴素的牛皮纸信封上贴一张便笺，搭配印章和纸胶带，让整体更突出。

案例7

利用可爱的兔子印章作为包装封面的焦点。刚好兔子的形像是双手合十，便搭配红色纸绳，让兔子献上祝福给收信人。

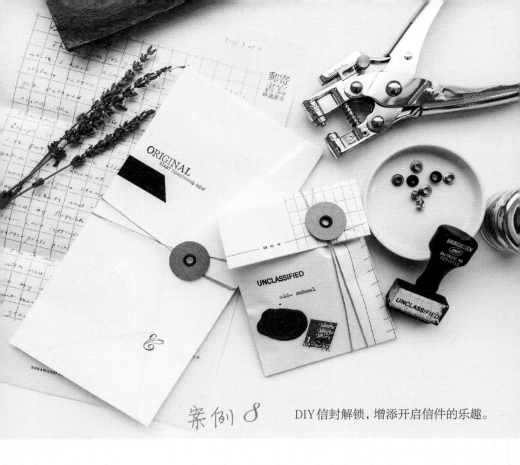

案例 8　　　DIY信封解锁，增添开启信件的乐趣。

如何做

1 切割另一张卡片纸。选一个和信封颜色不同的会更为突出。

2 测量好位置再打洞。

3 先在圆形卡片纸上装上金属护圈。

4 再转向背面打个结。

5 再把金属护圈套在信封上。

6 用打孔机将金属护圈压紧锁住。

7 调整绳子的长度，将金属护圈环绕固定，最后修剪即完成。

案例 9　　半透明包装总能给整体魅力加分。

1 回形针

为了确保从外边能够整齐地看到内容，可利用回形针把易移动的内容固定。

2 可重复粘贴胶带

想让包装简单，可使用能重复粘贴的滚轮胶带将袋口固定。

如何做

可重复贴的胶带

　　想让包装更简单，也想换风格不使用纸胶带封口，可重复粘贴的滚轮胶带就能用小纸把袋子的封口固定。

1 可以选择票根或是其他的小纸，贴上可重复粘贴胶带。

2 再加点小巧思。

3 收件人可以轻松打开，之后还可以像纸胶带一样重复贴回。

案例 10 邮寄小插曲

我把自己居住的地方，用仅有的地理知识画了简图，标记一下是哪一条路的第二座房子，心中抱着期待及小小不安。

　　在网上读过一篇文章，一名美国男子尝试了许多种极富创意的邮寄方式，但最终信件都能安全送达！其中一种让我特别感兴趣——以画地图来标明所在地，而非明确地把地址一字一句地写上。

　　记得收过几封信，因为对方把收件地址的邮政编码写错了，结果正确的地址信息只剩下门牌号和路名，但信件还是安全地寄到了我手里。我非常佩服邮递员叔叔重视每一封信的用心。

　　在此想说，我可以再和邮递员叔叔玩这个游戏吗？

擦肩而过的一封信

寄给台湾笔友的一封信，寄到台湾地区后竟被退回马来西亚。这封在外环游了一个月的信及拿到时的复杂心情，我最后决定保留起来。可能自己会在某年某日打开信封重温当时的心情，或是把一个藏了好久的小故事，再次分享给她？

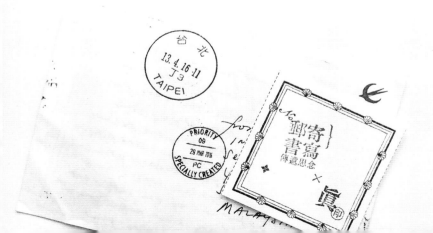

因为邮寄，也收到了许多笔友和朋友的信件、包裹。看着那些写着中文、英文的信件，内容多元、丰富，且充满爱的心意，我特地买了一个大抽屉柜，献给我的邮件们，让它们有一个完整的家。

手写之所以美好，是因为用笔刻画在纸上，比起能轻易地删除或修改的在手机或键盘上输入的内容，书写的过程则需要更多的思考，让人能进一步厘清思绪再写在纸上，更显珍贵。

而手作，因为不是机械化，所以每一样成品都是独一无二的，讲究的是耐心和心思的付出。制作的人乐在其中，也愿收到的人感受到细腻的温柔和温暖的心意。

信纸品牌分享

Classiky

Tosawashi

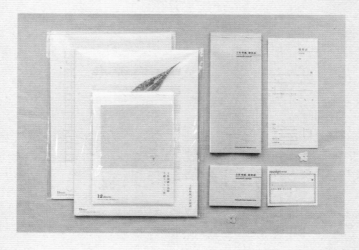

信纸品牌分享

Furukawashiko

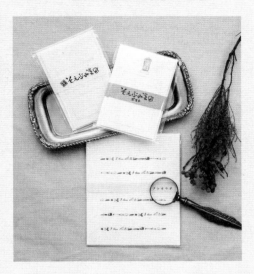

Kakimori

4

逛逛马来西亚文具店

也许是居住地附近不容易买到喜爱的创意文具，
因此特别地珍惜所在地的每一家特色文具店。
了解店主们的选物及背后支撑他们的理念。

* 店铺资料以店家官网所载为准。

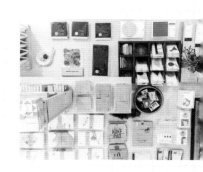

　　坐落在小镇上，交通繁忙的大马路旁的一家日式精选文具店。大片的落地窗，阳光洒落店内，是个美好的去处。店里的文具品有：手账、包装材料、信纸等，从选品能感受店主对品质的要求。商品旁都附有小卡片详述各品牌的来历与故事，让人对商品能有更多的认识和了解。

Tabiyo Shop

　　地址：92, Jalan Dato Bandar Tunggal, Bandar Seremban, 70000 Seremban, Negeri Sembilan, Malaysia.

　　网址：http://www.tabiyoshop.com/

　　* 照片由店主提供。

Pipit Zakka Store

沿着楼梯爬上二楼，进入一个由原木装潢的主题空间，空气中流动着轻柔的音乐，特别有格调。店主会在每个商品旁附上使用方法，为文具的陈列加分。

Pipit Zakka Store

地址：11-2, Jalan Menara Gading 1, Taman Connaught, 56000 Kuala Lumpur, Malaysia.

网址：http://www.pipitzakkastore.com/

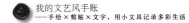

Czip Lee

闹区里的文具店，商品分门别类应有尽有。从基本款文具，如圆珠笔、钢笔、练习簿、多种类手账本和各式各样的手作用品与材料，商品齐全。

Czip Lee

地址：1 & 3 Jalan Telawi 3, Bangsar Baru,
59100 Kuala Lumpur, Malaysia.
网址：http://www.cziplee.com/
* 照片由店主提供。

Stickerrific

　　隐藏在购物广场里的一家文具店，一进店里，迎面而来的就是一面满满的纸胶带墙。文具类型非常多样化，从水彩颜料、毛笔、英文书法用具到可爱的贴纸类，应有尽有。店内还有小空间可书写手账，还有店猫陪伴，特别有意思。

Stickerrific

地址：F-85-3.1, Jaya One, Jalan Universiti, Petaling Jaya, Malaysia.

网址：http://www.stickerrificstore.com/

Sumthings of Mine

　　充满原木气息的一间文具店，古董橱柜里摆放着的商品也变得特别有韵味。店主引进了许多个人品牌设计师的文具商品，与市面上的风格相较更具独特性。

Sumthings of Mine

地址：Upper floor, PT 4963, Jalan TS 2/1,
Taman Semarak, 71800 Nilai, Negeri Sembilan,
Malaysia.（需预约）

网址：https://sumthings-of-mine.myshopify.com/

* 照片由店主提供。

封蜡章网购好去处

　　因为超爱，所以无论是到何处旅游或是购物，总爱到处寻找不一样的封蜡章款式或设计，以下分享一些我爱去采购的网店。

所在地	店名	网址
（中国）香港	Backtozero	http://www.backtozero.co/
马来西亚	Stickerrific	http://www.stickerrificstore.com/
马来西亚	Tabiyo Shop	http://www.tabiyoshop.com/
（中国）台湾	小品雅集	http://www.tylee.tw/
（中国）台湾	瑞文堂	http://www.pinkoi.com/store/rewen-shop
日本	itoya	http://store.ito-ya.co.jp/
日本	Giovanni	http://www.giovanni.jp/
美国	LetterSeals.com	http://www.letterseals.com/
美国	Nostalgic Impressions	http://www.nostalgicimpressions.com/

后记：
文具控语录

"他们问：'为什么花钱买旧的纸张？'
他们不懂。"

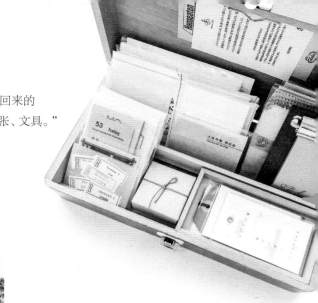

"旅行带回来的
　都是纸张、文具。"

"宁愿少吃一些，
　也买文具。"

"每一款都不一样，当然都要。"

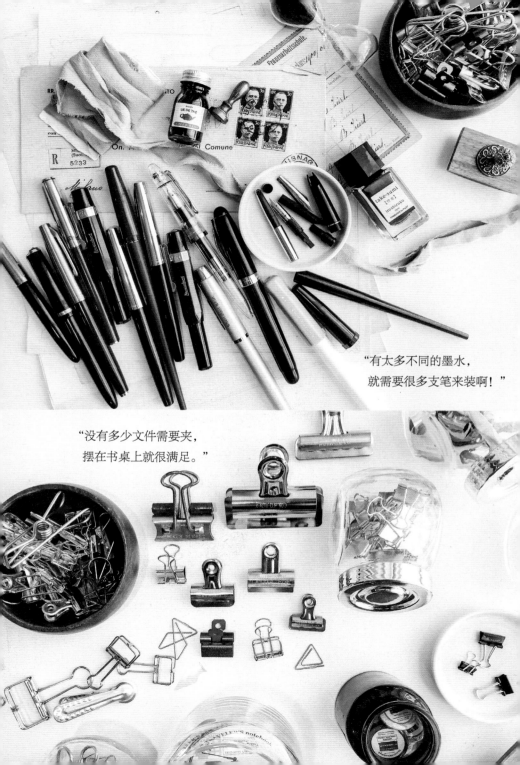

"有太多不同的墨水，
就需要很多支笔来装啊！"

"没有多少文件需要夹，
摆在书桌上就很满足。"

"像旧时的办公桌，满满的印章，
这样才对。"

"送给朋友的礼物都是文具。"

"摆的不是金银首饰，你懂的。"